NATIONAL GEOGRAPHIC

美国国家地理

野生动物大迁徙

蝴蝶的旅程

【美】劳拉·玛茜 著

陈光仪 译

全国百佳图书出版单位

Boulder Publishing 大石精品图书

ARTTIME 时代出版

时代出版传媒股份有限公司

安徽少年儿童出版社

著作权登记号：皖登字1211990号

图书在版编目（CIP）数据

美国国家地理野生动物大迁徙·蝴蝶的旅程 / (美) 玛茜著; 陈光仪译. －合肥：
安徽少年儿童出版社，2011.9
ISBN 978-7-5397-5322-5

Ⅰ.①美… Ⅱ.①玛… ②陈… Ⅲ.①蝶－迁徙－儿童读物 Ⅳ.①Q958.13-49

中国版本图书馆CIP数据核字(2011)第183229号

MEIGUO GUOJIA DILI YESHENG DONGWU DA QIANXI HUDIE DE LÜCHENG

美国国家地理野生动物大迁徙·蝴蝶的旅程　（美）劳拉·玛茜 著　陈光仪 译

出 版 人：张克文　　　责任编辑：吴荣生　傅　泉　唐　悦　王笑非
总 策 划：李永适　　　特约编辑：宋艳艳　　　版权运作：彭龙仪
责任校对：江　伟　　　责任印制：宁　波　　　美术编辑：徐晓莉　刘同彩
出版发行：时代出版传媒股份有限公司 http://www.press-mart.com
　　　　　安徽少年儿童出版社 E-mail：ahse@yahoo.cn
　　　　　（安徽省合肥市翡翠路1118号出版传媒广场　　邮政编码：230071）
　　　　　市场营销部电话：(0551) 3533521　　　(0551) 3533531（传真）
　　　　　（如发现印装质量问题，影响阅读，请与本社市场营销部联系调换）
印　　制：精一印刷（深圳）有限公司
开　　本：150mm×204mm　　　1/32　　　印张：1.5　　　字数：10千字
版　　次：2012年1月第1版　　　2012年1月第1次印刷

ISBN 978-7-5397-5322-5　　　　　　　　　　　　　　　定价：18.00元

目录 Mulu

Aoyou Tiankong
遨游天空

　　动物从一个地区或栖息地迁到另一个地区或栖息地的行为，叫做迁徙。动物迁徙是为了寻找食物或配偶。迁徙能帮助动物在地球上生存下去。

　　许多动物都会迁徙，黑脉金斑蝶就是其中一种。

黑脉金斑蝶

牛羚

红地蟹

小词典

迁徙：动物为了寻找食物或配偶，从一个地区或栖息地迁到另一个地区或栖息地的行为。

配偶：一对伴侣中的一个，可以是雄性也可以是雌性。大多数动物都需要配偶才能生出小宝宝。

5

Shenqi De
神奇的黑脉金斑蝶
Heimaijinbandie

什么昆虫的颜色是黑色与橘色相间，而且在地球上飞行距离最远？

你答对了，就是黑脉金斑蝶！

黑脉金斑蝶的迁徙距离长达3200千米~4800千米。它们每年都从美国、加拿大飞往墨西哥, 然后再飞回来。

因为蝴蝶的身体非常娇小, 人类的1千米对它们来说其实更长。一只斑蝶飞行4500千米相当于一个人旅行了44万千米, 也就是绕行地球11次!

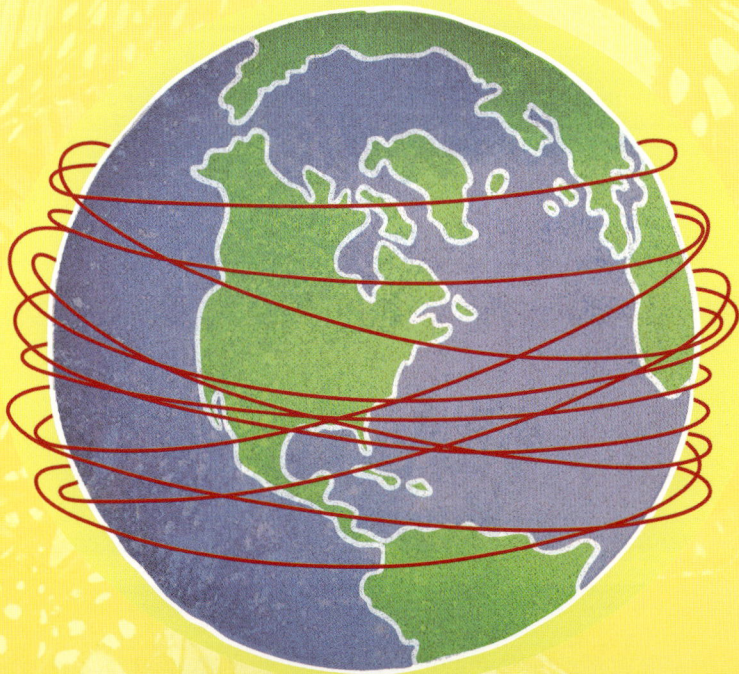

Zhuangkuo 壮阔的旅程 De Lüchen

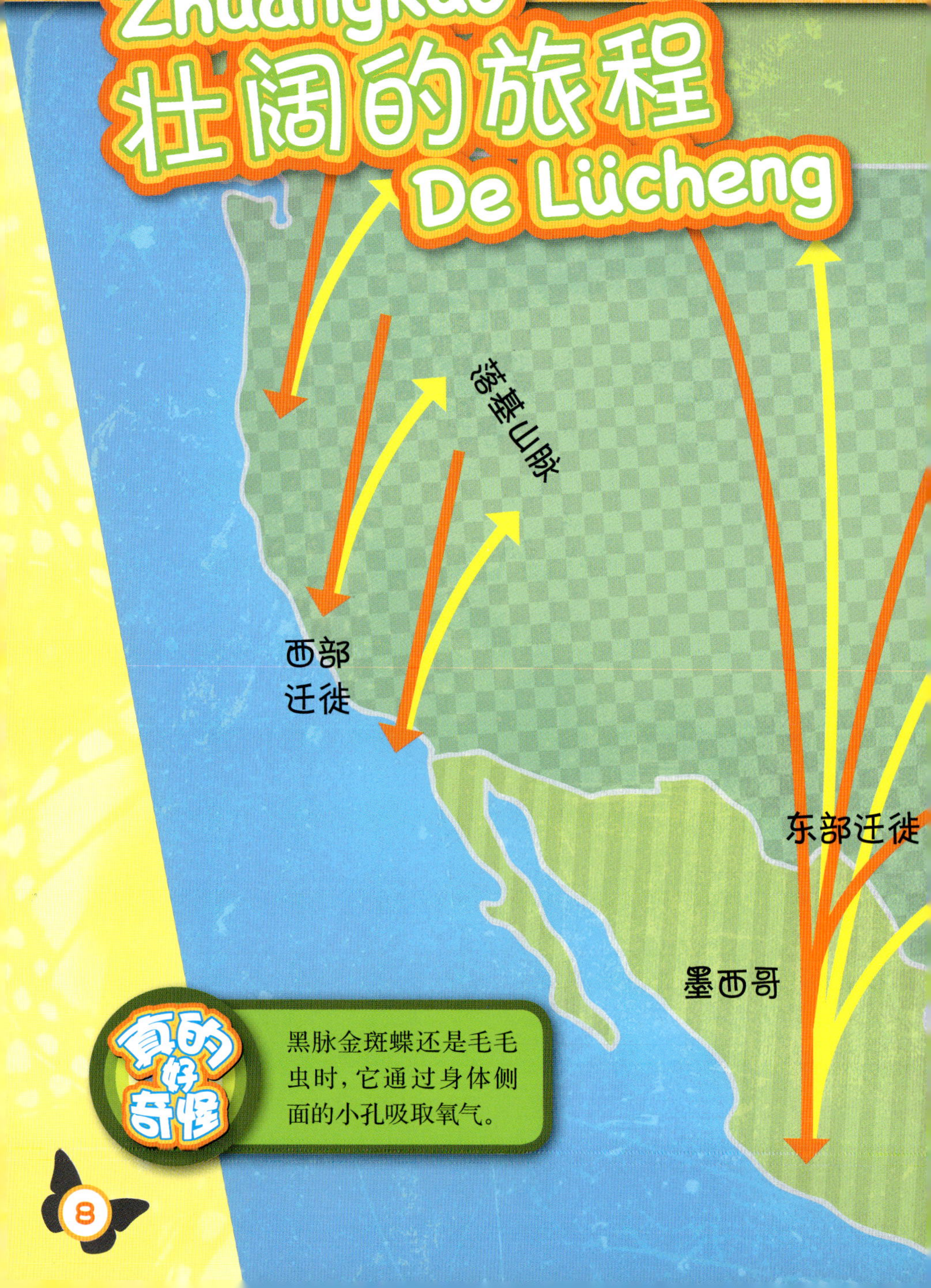
落基山脉
西部
迁徙
东部迁徙
墨西哥

真的好奇怪

黑脉金斑蝶还是毛毛虫时，它通过身体侧面的小孔吸取氧气。

加拿大

美国

两个黑脉金斑蝶族群

　　西部族群沿着美国的太平洋沿岸迁徙。东部族群则在美国与加拿大境内的落基山脉以东迁徙，沿路飞到墨西哥。本书主要介绍的是关于东部的斑蝶族群。

冬天来了，成群的蝴蝶在墨西哥的欧亚梅尔森林里聚集，把树木都"染成"了橘黄色。蝴蝶的数量非常多，可以覆盖11座美式足球场！在这里，斑蝶们静静地休息，等待着春天的到来。

真的好奇怪

蝴蝶靠触角产生嗅觉。

11

春天来临，一批又一批刚睡醒的斑蝶布满整个树林，凌空飞翔。上百万只斑蝶正蓄势待发，准备离开墨西哥。

13

Shenfu Zhongren
身负重任的
领航员
De Linghangyuan

　　带领大家从墨西哥往北飞行的是雌性黑脉金斑蝶。斑蝶的父母无法为孩子指引方向,因为它们在产下蝶卵之后便死了。那么,斑蝶是如何知道该往哪里飞?

　　黑脉金斑蝶是依靠动物本能来决定方向的。阳光提示它们迁徙的时间到了,科学家相信阳光同时也为蝴蝶的迁徙指引方向。

小词典

动物本能: 动物一生下来就知道该怎么做的行为。

Quanjia 全家总动员 Zongdongyuan

黑脉金斑蝶每年的迁徙要靠好几个世代的力量才能完成。往北飞的路途要花三四代的时间，而往南飞的回程只需一代便能完成。

这就意味着，如果由你开始的旅途，将由你的孙子的孙子来完成。

蝴蝶们是怎么做到的呢？

小词典

世代：生物长到成年并
繁殖下一代所需
的时间。

17

蝴蝶最初的三四代，在成年之后可以存活2~6个星期。春天，第一代蝴蝶在南方孵化，它们往北飞，直到再也飞不动了，就停下来产卵，然后死去。

　　接着出生的第二代继续这个旅程，然后产卵、死去。整个春天与夏天，第三代甚至第四代紧跟着孵化，往北飞行的旅程由它们负责完成。

真的好奇怪

乍一看，成年的蝴蝶有4条腿，其实有6条。它们的两条前腿很小，又蜷曲着，所以很难分辨。

加拿大

美国

第四代

第三代

第二代

墨西哥

第一代

欧亚梅尔
森林

⒆

在夏天即将结束的时候，一批特别的"超级世代"孵化了。这些蝴蝶可以存活6~9个月，比它们的前几代长辈长寿许多。

　　秋天来临，北方的天气逐渐变凉，新一代蝴蝶便开始往南飞。它们沿路飞回墨西哥的欧亚梅尔森林。这是一趟长达两个月、充满危险的旅程。

小心危险

捕食者

在迁徙的途中，蝴蝶是许多捕食者的美味点心。为了不让捕食者靠近，黑脉金斑蝶有一套独特的自我保护方式。

小词典

捕食者：靠吃其他动物为生的动物。

毒素：生物分泌的一种有毒物质。

黑脉金斑蝶的捕食者包括：

蜘蛛、黑耳白足鼠、螳螂、火蚁，以及鸟类，如黄鹂、蜡嘴鸟等。

螳螂

火蚁

黄鹂

22

马利筋是一种含有毒素的植物。黑脉金斑蝶的幼虫吃了马利筋之后，皮肤不但变得有毒，而且很难吃。这样捕食者不敢吃黑脉金斑蝶。

小词典

马利筋：一种会分泌乳汁的开花植物。

可是，有些捕食者不怕毒素，它们有办法在享用黑脉金斑蝶时不吃它们的皮肤。

低温

　　黑脉金斑蝶需要在温暖的天气中飞行。温度太低，它们会被冻死。

风雨

　　刮风下雨时，黑脉金斑蝶会挤进树林里避难。它们无法在恶劣的天气中飞行。

可怕的天气

　　2002年，一场寒冷的暴风雨在墨西哥夺走了约2亿5000万只黑脉金斑蝶的生命。根据估计，在一个山区蝴蝶保育园里，有80%的蝴蝶在这场暴风雨中死去。

　　你知道吗？一只迁徙中的黑脉金斑蝶每小时可飞行将近50千米，速度是人类跑步时的3倍。

　　黑脉金斑蝶迁徙时，通常一天内可飞行80千米~160千米。黑脉金斑蝶最远的飞行纪录则是一天430千米。天哪，仅是想象就够累人了！

美国费城

430千米

美国波士顿

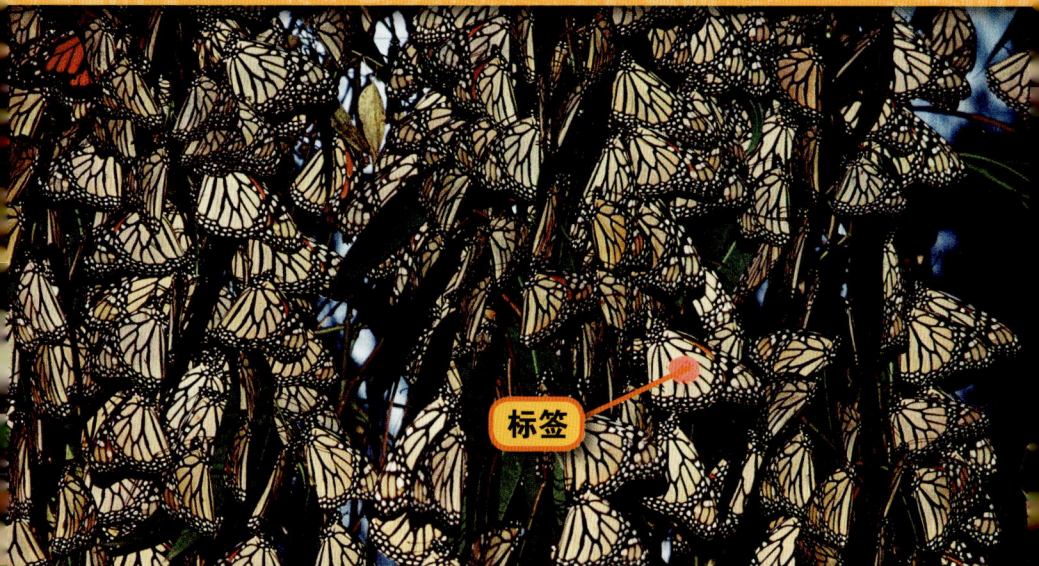

标签

追踪黑脉金斑蝶

　　科学家通过追踪技术来了解黑脉金斑蝶。他们在斑蝶的翅膀上贴上标签。一旦戴着标签的蝴蝶被捕捉到，它们的编号、捕捉时间，还有地点就会被记录在一个网站上。这样，科学家就能算出蝴蝶飞行了多远、途中又花了多少时间。很多小朋友也在帮忙追踪黑脉金斑蝶，欢迎你也加入其中。你可以在以下的网站了解到它们的故事: http://www.monarchwatch.org

长途旅行结束后，冬天是黑脉金斑蝶的休息时间。它们在春天来临时醒过来，在产下蝶卵后不久便结束生命。

　　当这批卵孵化，新生的第一代又将重新开始往北飞的旅程。

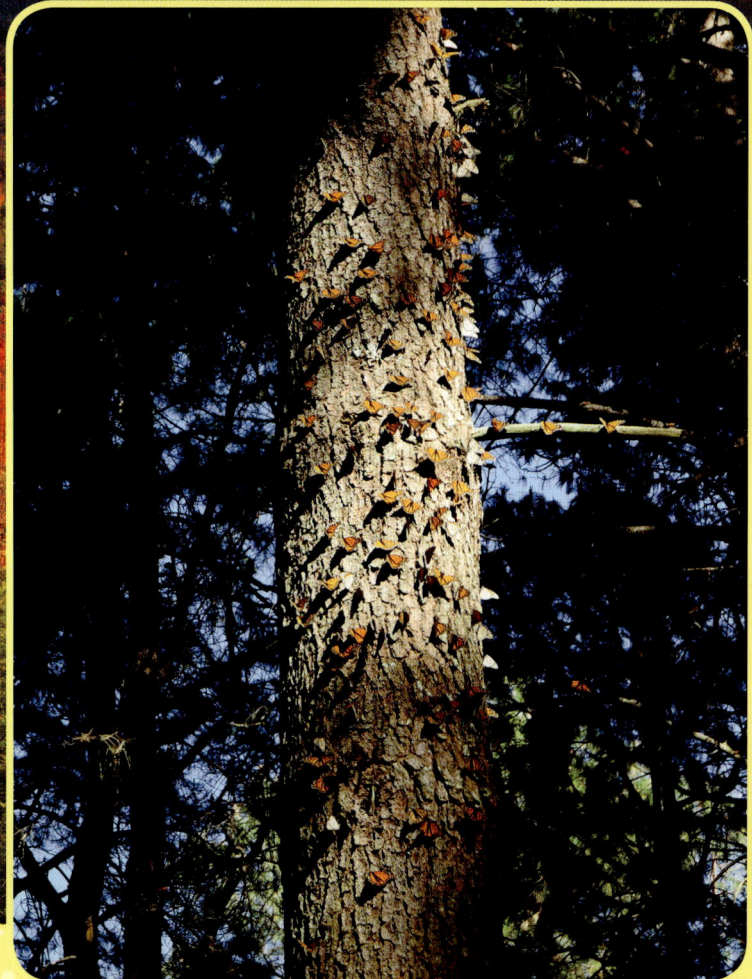

一只蝴蝶的生命总共有四个阶段：

1 卵

蝴蝶妈妈把产下的卵放在马利筋的叶子上。每个小巧的蝶卵都跟针头差不多大小。这个阶段持续4天。

妈妈真辛苦!

　　每只雌蝴蝶身上携带的卵可达400颗。它在马利筋的叶子间穿梭,在每片叶子上只留下1~2颗卵。这多么费工夫啊!

在开始吃马利筋之前,黑脉金斑蝶的毛毛虫靠吃自己的卵壳为生。

31

② 毛毛虫

　　从蝶卵孵化出来的是细小的毛毛虫。它们一天到晚都在吃马利筋，在两个星期之内体长就可以从不到0.6厘米长到5厘米。

③ 蛹

　　毛毛虫会在身体周围生出一层硬的保护衣,这就是蛹。从外面看起来,蛹里面似乎一点动静都没有,但其实毛毛虫正在里面慢慢转变成蝴蝶。这个阶段大约持续10天。

小词典

蛹: 在硬壳或茧里、介于幼虫和成虫之间的昆虫。

10~12天之后，蛹壳变成透明，然后裂开。

蝴蝶先露出头。

它的翅膀很小，而且又皱又软。

④ 蝴蝶

当蛹裂开，蝴蝶就诞生了！

黑脉金斑蝶把一种液体灌进翅脉里，让翅膀变大。

蝴蝶翅膀上的纹脉变硬。在破蛹而出1小时后，黑脉金斑蝶准备飞行。

Heimaijinbandie 黑脉金斑蝶吃什么 Chi Shenme

当黑脉金斑蝶还是毛毛虫的时候，它们只吃马利筋，而且每一只都是大胃王。

成年的黑脉金斑蝶把香甜的花蜜当主食。这些花蜜来自各种开花植物，包括马利筋。蝴蝶从花蜜中得到飞行所需的能量。

小词典

花蜜：植物分泌的一种甜汁，是许多昆虫的食物。

黑脉金斑蝶的 10 大趣事

1
它们可以在1分钟之内振翅2000次。

2
绿色的蝶蛹上镶着一颗颗像是黄金做成的珠子。

3
成年蝴蝶用一根管状的舌头吸取花蜜和水分，这个器官叫做吻管。

4
它们鲜艳的颜色是对捕食者发出的有毒警告。

5
当毛毛虫的身体长大到皮层包不下时，它们就会褪下旧皮，长出新皮。

6

在墨西哥，每年有15%的黑脉金斑蝶被捕食者夺走性命。

7

雄性　　雌性

雌性蝴蝶的翅脉比雄性蝴蝶的宽大。

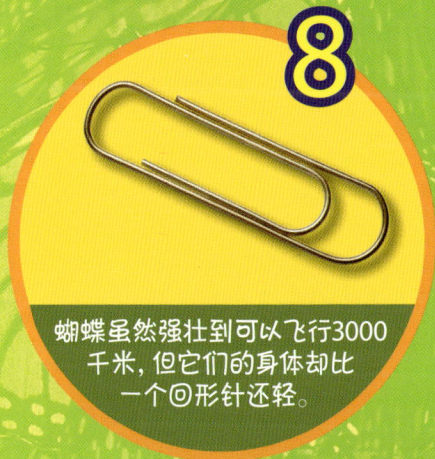

8

蝴蝶虽然强壮到可以飞行3000千米，但它们的身体却比一个回形针还轻。

9

刚孵化的蝴蝶必须等到翅膀变硬了才能开始飞行。

10

科学家认为黑脉金斑蝶的迁徙已有数千年的历史。

Hudie Younan
蝴蝶有难

人类很喜欢黑脉金斑蝶，但会在不经意时伤害它们。

小词典

滥伐森林：大片森林被非法砍伐的现象。

在墨西哥的森林里，黑脉金斑蝶栖息的许多树木都被砍倒了，这种现象叫做滥伐森林。黑脉金斑蝶需要树木为它们挡风遮雨。滥伐森林给黑脉金斑蝶的生活带来了大麻烦。

小词典

栖息地：动植物赖以生长的自然区域或环境。

除了森林，黑脉金斑蝶正在失去的还有马利筋。人类用化学药剂阻止马利筋生长，因为它们被人类当做一种有害的杂草。

没有马利筋或墨西哥的森林，黑脉金斑蝶便无法生存下去。人类必须学会与黑脉金斑蝶共同分享地球的资源。

真的好奇怪

毛毛虫有6对眼睛，但它们的视力却很差。

Ni Keyi Zuo Shenme
你可以做什么

　　帮助黑脉金斑蝶的方法有很多种，帮它们装上蝴蝶标签就是其中一种。

　　除此之外，你也可以开辟一座蝴蝶花园，让蝴蝶能在这个特别的花园里休息、吃东西、产卵，然后才有力气继续它们惊人的旅程。

下列这些团体都在帮助黑脉金斑蝶，你可以在他们的网站上获得更多关于黑脉金斑蝶的知识：

美国国家地理学会（英文网址）
http://animals.nationalgeographic.com/
animals/bugs/monarch-butterfly.html

世界自然基金会（英文网址）
http://www.worldwildlife.org/species/finder/
monarchbutterflies/monarchbutterflies.html

北行之旅（英文网址）
http://www.learner.org/jnorth/monarch/
index.html

Cihui Biao
词汇表

迁徙：动物为了寻找食物或配偶，从一个地区或栖息地迁到另一个地区或栖息地的行为。

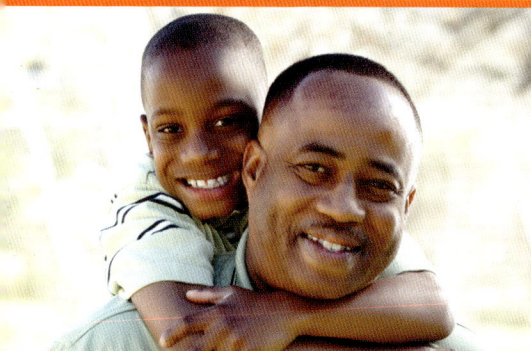

世代：生物长到成年并繁殖下一代所需的时间。

捕食者：靠吃其他动物为生的动物。

蛹：在硬壳或茧里、介于幼虫和成虫之间的昆虫。

花蜜：植物分泌的一种甜汁，是许多昆虫的食物。

配偶：一对伴侣中的一个，可以是雄性也可以是雌性。大多数动物都需要配偶才能生出小宝宝。

动物本能：动物一生下来就知道该怎么做的行为。

毒素：生物分泌的一种有毒物质。

马利筋：一种会分泌乳汁的开花植物。

栖息地：动植物赖以生长的自然区域或环境。

滥伐森林：大片森林被非法砍伐的现象。

47

索引 suoyin